Hola hoy es un día diferente un día especial para mí (pal que escuche rap escúchense dos hermanos hoy es un día especial) quiero decir que todos los nombres de esta narrativa son ficticios aunque se base en hechos reales, Primero que todo quiero agradecerle a Dios por no sufrir tanto como sufre alguna gente aunque sufra, y también le agradezco a mi familia y a los parceros que han

hecho que este libro se
halla hecho realidad
voy a usar un idioma
un poco vulgar para
que todos lo entiendan
no sé si se me haya
olvidado escribir
desde la última vez
que estudie duro.
espero que les guste a

todos y los que no pues no pero por favor no me crucifiquen ya que sufro mucho ya espero es que muchos entiendan la realidad de esta enfermedad y además como deben tratar a gente que sufre de eso y desmitificar la Mariguana porque todos dicen que es malísima y la verdad a mí nunca me ha hecho daño y hasta según una psicóloga de una institución de renombre me salvo la vida ya que pudiera haber quedado peor y también otras fuentes que comprueban científicamente la mariguana o más bien el T.H.C y sus propiedades medicinales ya que esta conserva las neuronas del cerebro y su función más normal y la del cuerpo este libro espero les sirva a muchos para que vean que muchas veces su vida es más fácil que la de alguien que su vida parece fácil pero en realidad no.

Bueno Primero que todo Nací en Brasil y

Crecí en Colombia mi vida no es gran cosa pero me ha tocado hacer muchas cosas en la vida nada malo claro pero si es duro hasta hoy en día vivo con mis madres espero este pequeño libro sea un best seller, espero este libro sirva para la rehabilitación de muchos y también para mucha gente que anda en malos pasos para sigan una vida más digna y Honren a Dios padre omnipotente y antes de que me tachen de homofóbico voy a dar mi opinión directa desde el principio para mí son como plantas hermafroditas es algo que existe en la naturaleza pero no es normal por eso me parece un crimen que mucha gente crea que tienen que aparecer hombres besándose yo que soy ``loco(para muchos)´´ (esquizofrénico) no lo creo y sé que sería un error fomentarlo de parte nuestra hacer algo en este mundo en donde desde hace siglos es algo que no se debe fomentar, no me imagino un mundo donde nadie quiera tener hijos y solo existan homosexuales y todas las familias destrozadas o simplemente haciendo hijos por negocio un niño necesita un papa y una mama para una creación normal es como un león en la selva o cualquier animal, eso es lo que digo lastimosamente pasa y puede ser hasta una enfermedad pero me imagino que más de un sujeto de estos quisiera ser una mujer de verdad así que solo digo que no los pienso ofender en ningún momento sino que los respeto pero no me gusta hablar con ellos a menos que sean supremamente educados y ni así llegaría a tener una suprema amistad o de pronto puede ser aunque gracias a mi enfermedad se me dificulta ya confiar en la gente menos en gente así así que ya no es por malo es para conservar la salud a y por ultimo intento ayudar a otros esquizofrénicos a estar mejor y a superar sus enfermedades y hasta otros que padecen de otras psicosis como depresión y a chicas boderlain ya que mi problema es mayor que el suyo y lo e podido superar aunque sea un poco y a todo el que se sienta inspirado espero ayudarle al igual.

Hola denoevo hoy me decido en escribir el primer capitulo de mi libro en un dia medio turbio en el que estoy feliz de haber dormido aunque no sea en el horario correcto y feliz de poder haber hecho del cuerpo ya que es fundamental para mi con las medicinas psiquiátricas se que suena sucio pero este tambien es un libro medio científico luego de mucho haber pensado en algo que me dijo un Amigo llamado rodolf (el es un amigo que conoci en una clínica de reabilitacion y para gente con trastornos mentales de máximo renombre donde hay mismo me dijeron lo de la maria y que por mi enfermedad busque las drogas).Hoy es el segundo dia que escribo un pedaso mas de mis historias otra cosa les advierto aca no hay nada comprometedor para nadie solo ideas hasta un poco de teorías de la conspiración y extraterrestres los menciono muy poco asi que tampoco se emocionen de ese lado aun que se que no estamos solos en el mundo jeje y pueden haber hasta seres sobre naturales.

Bno todo en mi vida empezó que yo me

acuerde mas que todo un dia en el que me cai de una escalera que havia en una casa donde creci hasta los 4 años una infancia tranquila sin muchos lujos pero no tan triste con 5 años me fui para Colombia ya que mi padre es de halla y ps también soy Colombiano, fue un viaje en el que pase primero por mato groso después nos fuimos por argentina eso con mis padres, después Bolivia y Peru o al contrario después

Ecuador y llegamos a Colombia yo era malo para la comida y lo confieso que todavía lo soy aunque ya no tanto y claro eso en Bolivia en esos viajes en bus era pesado unas comidas extrañas y eran 2 dias en bus y asi casi todos pero bueno lo importante es que llegue sano y salvo y ps conoci a toda mi familia de Colombia que no los conocía hasta entonces.

Ya después nos mudamos a un

apartamento y hay vivi hasta los 9 y jugaba super nintendo contento aveces con algunos amigos 1 me hablo con el hasta hoy de vez en cuando después de eso voy a resumir mi infancia que no tiene nada de muy interesante solo 2 amigos que concervo hasta hoy y lo interesante de ellos es que resultaron fumando hierba también y consumiendo algunas substancias no se por que sircunstancias de la vida a mi se me hace interesante alguien que conozco hace 15 años resulte fumando ierba es extraño aveces pienso que también pueden tener algún problema de depresión y por eso lo hacen o son muy estresados eso como lo he dicho desde el principio del libro la maria tiene miles de beneficios aunque no la aconsejo a fumar si la gente quiere que fume si le hace bien claro esta no por moda o para impresionar a nadie digamos hace poco fume para que me diera inspiración para escribir mejor y asi es muchos artistas la usan cineastas científicos por ese motivo por el motivo médico o simplemente para sonrreir por que sus vidas pueden que no sean gran cosa, yo lo hago por las 3 muchas veces me siento atrapado por los psiquiatras y la discriminación por la maria y hasta por ser un negro blanquiado jeje y por la incapacidad financiera digamos hago este libro a ver si me consigo algo más de renta. entonces ivamos en mis 9 años de allí hasta los 10 me vine otra vez a Brasil donde la pasaba bien andando en un wolksvagen que en esa época nos costo 2 millones de pesos y salio hasta bueno sino que ya después cuando nos fuimos se le estaba callendo el piso y mi familia lo vendio mas barato bueno en fin la pasaba bien después con 10 me devolví para Colombia por paraguay en el mismo esquema de buses y por tierra halla me encontré con uno de esos dos amigos de la infancia y empeze a estudiar en el mismo colegio donde lo

conoci ya en esa época
tenia ganas de salir
solo y salíamos con el
y otro pelado en cicla
y por hay después a
los 11 hice mi primera
comunión que fue
sencilla pero buena
comimos raviolis en
una mesa toda rota

pero adornada que se veía bien. en esa época mi mama gracias a Dios me pudo regalar un jueguito de química bien chévere que después no pude volver a jugar con el por que perdi un quimico esencial en el y quien sabe que se hiso eso hoy en dia jeje pero en fin fue mi primera comunión.

A los 12 entre a otro colegio en este me encontré al otro amigo de la infancia y por hay capabamos una clase toda gay que escojimos precisamente para no hacer nada por que nos ponían a gastar en muchas cosas entonces capabamos esas clases y era hasta chévere escapábamos de todos era como jugando tenchu y el y yo nos ayudabamos para que no nos cojieran y me acuerdo de un selador llamado Simur que el chino este le robaba unos periódicos morbosos que hay en nuestro país que aparecen mujeres desnudas y claro nosotros nunca habíamos visto unas tetas y un dia hasta los teníamos en las maletas que para ver como eran las mujeres, desde ese dia tuve mi primer contacto con psicólogos era una psicóloga hay toda rara me ponía a hacer dibujos a mi y al pelado en realidad aveces no creo en esa enfermedad creo que es la ultima idea nazi según una película llamada psiquiatría industria de la muerte pero bueno cada vez creo mas en la enfermedad ya que me siento mejor y mas tranquilo y además fumo menos mariguana y uno como sabe en quien creer con esto hay que confiar en el tratamiento, pero bueno ivamos en mis 12 años después a los 13 pase a bachillerato halla o bueno llegando a bachillerato por que las edades pueden estar un poco descuadradas en bachillerato también me pusieron en psicólogo no si si por mi raza no se pero bueno halla estuve lo mismo dibujitos hay me acuerdo que también hice mis horas de servicio social halla y no todo muy normal solo el bulling que siempre estuve presente y para que se rian le decían a un chino que el man para que lo dejaran entrar con los zapatos rotos que disque el chino decía no es que los pollos se me comen los zapatos y se atoran con los cordones jajaja ese era un bulling hasta chistoso a comparación del bulling gay que hay hoy en dia a mi me decían disque girafita por lo que soy grande en esa edad a los 13 exactamente empeze a montar tabla con un parcero llamado Tumix y conoci el Rap y la cultura Hip Hop además que hice mi primer graffity junto con unos amigos y probe mis primeros porros aunque no los sentí a solo la segunda vez que fume que sentí un poco pero no se me hizo la gran cosa además creo que no sabia fumar , llegando a los 14 me mude de instituto esa si es la edad correcta entonces halla era todo normal tuve una supuesta novia ya que no tuvimos sexo jeje eramos muy niños solo nos besábamos y conoci a un pelado punkero con el que momentos mas tarde termine fumando mariguana los fines de semana en esa época sentía un poco pero creo que las calidades no están como son hoy dia aunque me acuerdo que me daba arta risa y con ese punkero también heche mi primera vez de coca con yerba fumada ese pelado estaba tan drogado ya en esa época que ya se inyectaba coca y usaba la droga como si fuera normal menos mal a mi no me agarro tanto o no se si no tenga el gen de la adicción que también es posible pero por eso la verdadera droga no se debe usar (o sea toda la que no es mariguana o baseada en ella como el hachis o otros derivados del T.H.C aunque ni este se debe usar si es por moda aunque muchos van a decir usted también lo hizo por moda ps la verdad puede ha ver sido por lo que era niño y si era mas influenciable), bno después de eso un pelado me dio un puño en el colegio y nos agarramos y me hecharon y todo fue por esa supuesta novia que era a crear cizaña, luego de eso a los 15 me volvi a cambiar de colegio en ese colegio también havia la parte del validadero y como no havia otro colegio que yo podía pagar y la educación en Colombia la distrital es mas mala y claro mis papas me querían dar lo mejor y ps termine escojiendo ese colegio en fin ese colegio fue por un amigo que tenia que lo conoci y en fin termine halla y ps en ese colegio conoci a un pana ese man es bien hasta hoy pero ya casi no hablamos por que el man ya se caso y no como que si hasta que conciga una novia bien por que el hombre emparejado hay y como que contento y toda la vaina pero si ya como que no podemos salir a buscar mujeres y ps si la mujer como que lo controla un poco ps como toda mujer la verdad toda mujer es controladora en realidad dicen que las mujeres son las que controlan el mundo y ps según eso por eso los musulmanes no las dejan hacer nada pero yo Creo en Ala como Cristo y Cristo dicen que fue la ultima venida de el señor entonces Cristo nos enseña el libre albedrio y tampoco es que toca controlar a la gente asi entonces después de eso de entrar a ese Colegio recuerdo que hacíamos artos graffitis en las paredes hasta en el colegio nos dejaron pintar era bacano esa época y por otro lado también hechaba mariguana y probe coca pero eso era mas maria y me acuerdo que me juagaba de la risa eso es lo que siempre me ah gustado de la maria y aca en un parentecis puede ser que si tengan razón los científicos existe un gen de la adicción por que yo digamos ya voy a cumplir 7 años de no usar química aunque en narcóticos anónimos no me reconozcan jajaja pero si puede existir digamos hoy en dia también me quedo sin fumar mariguana 1 mes y es menos angustiante lo mismo pasa con el cigarrillo y el trago tomo por hay a cada mes y eso o 3 veces por mes máximo y eso que hay veces que me quedo sin tomar hasta 6 meses y normal hasta el dia que me hecho los traguitos y eso que no me emborracho desde los 16 y fue 1 de mis únicas 2 borracheras y lo digo por que hay muchas personas que pueden tener un gen de la dependencia que eso les complica el salir de la droga y de sus adicciones yo hoy en dia fumo mariguana pero por que me toca sino la vida se me hace mas verraca me entristezco y me deprimo además de ser un antidepresivo natural me calma las nauseas de los remedios psiquiátricos y me calma el insomnio además que me quita esa depresión de no querer hacer nada que me dan los remedios y los movimientos involuntarios de los musculos que causan los remedios psiquiátricos pero una cosa si digo esa enfermedad lo mas seguro es que exista a mi me queda una duda pero si muchas veces si creo que puedo ser enfermo pero a esto es otra cosa no se si Terrence Mckenna fue el que dijo pero puede ser un don algo asi como un don xamanico o algo asi si mejor dicho es algo raro por que muchas veces hablo solo y aveces sin necesidad de mariguana   pero que a la vez hace a la persona diferente pero si yo me siento bien y

puedo hacer cosas ya
como mas tranquilo
como sin esa rabia que
sentía antes y como si
ellos en las clínicas
psiquiátricas sin ese
pensamiento confuso
pero al mismo tiempo
ahora hoy en dia yo
que me mantenía en la

calle me da pereza salir y como la gente por que uno esta como cansado entonces si busco companias bien agradables y que no hechen vicios mejor dicho que máximo fumen mariguana por que en si la vida es asi y si uno anda con un cocainómano o algo uno puede de pronto en un dia aburridor o por el diablo que lo tienta y esa es la realidad del vicio como los libros de carlos castañeda es que son complicados

pero si hay el hombre
habla de cosas raras
pero quien sabe de
pronto aun no estamos
preparados para eso
como la salvia
divinorum eso yo lo
probe y eso se ven
cosas raras y que tal
eso son cosas extrañas

hasta parecen extraterrestres y si pienso que el gobierno debria apoyar su estudio a todas las sustancias y la única forma de acabar con el trafico de cierta forma seria regalar una dosis de la droga a la persona mensalmente y que esta fuera medida según a la tolerancia y todo de la persona el tamaño la raza por que depende de la persona podría tener mas de lo necesario entonces si y que le hicieran un examen a cada 5 años a ver como cambio para que siga resibiendo sus dosis y ps si esa es la única forma si la persona quiere eso regalarcelo claro que la persona tnedria que comprobar ser adicta sino también tienen que haver puestos que dan dosis peuqeñas de la droga para personas que piensan que eso es una aventura es la única forma y también estudiar la cura de personas con plantas como la salvia divinorum y el kratom ya que eso no es tan enviciante es mas bien feo pero la persona puede tener una visión positiva y con hongos también personas que están en las ultimas y ps lógicamente esas plantas dejarlas a cualquier publico ya que no representan un verdadero riesgo a la sociedad de pronto si manejan y para eso tienen que crear un aparato que se de cuenta si la persona esta sobre efecto de alguna droga analizadores de pelo podrían ser o sino de saliva por ultimo de sangre por que tienen que ser muy higienicos y el que no sea si minimo 25 años de cárcel por que se imaginan que lo pare a uno una ambulancia y seria como un aparatico de esos para los diabéticos una picadita que no duele el opio si me parece que debria ser exclusivamente para uso medicinal y otras sustancias si que la persona compruebe que es adicta y que el gobierno se la de gratuitamente esto es una obra de años de consumo de drogas entre sintéticas y enteogenas otra vez digo con esto no apoyo el consumo de drogas sino que le muestro a las personas que hay algo mas halla de este mundo DIOS obviamente existe años en esta época 12 por que sigo usando cannabis medicinalmente bno entonces iva en el validadero halla fume yerba y la sentí bien por primera vez con 16 desde ese dia mi vida cambio como me han diagnosticado con ezquisofrenia hoy dia a la edad de 20 años yo me acuerdo que era muy triste desde pequeño aveces pienso que la pobresa me traumatiso aunque nada me halla hecho falta o cuando me robaron de pequeño a la edad de 11 años toda la casa y otra un chirrete con 10 años 2 mil pesos colombianos hoy es 2015 entonces menos de 1 dólar y la presión de tener que ser siempre algo por la falta de nuestro Dios el castigo divino pero si es una falla que lo deja sin ganas de nada a uno y los remedios no ayudan en mucho por que le quitan mas las ganas aunque lo mas extraño es que tenia mas ganas de hacer cosas sin los remedios después de ellos mi vida fue empeorando y me van a decir claro vive cansado por la mariguana pero no eso antes me anima algunos días me ayuda a hacer ejercicio y el cbd o canabidiol como que me ayudan a estar tranquilo lo mismo el thc y me parece que la mariguana en si como remedio omeopatico ya que conserva los neuronios de la persona y me a ayudado con la paliprepidona inyectable contra sus efectos colaterales y a mi gastritis es lo que me ayuda a comer todas las mañanas si no tengo como mas tarde y me hace mas daño la comida y a la insomnia que me dio con los años todo mundo sabe como es difícil muchas veces dormir para muchos viejos necesitan remedios muchos y entonces como iva diciendo en el validadero prove la maria y la coca luego de un rato compre muy poca coca la verdad en mi vida a comparación de maria pero siempre y entonces la coca para los curiosos y estudiantes de sustancias o de esquizofrenia que también esta la teoría de que uno es asi y nada de esas enfermedades existen este es un libro que pone hasta en duda si los alemanes nazis siguen asechando al mundo gracias a dicha enfermedad pero bno la coca a los 15 o 16 no lo se bien en esa época olia a ratos pero no como me dijo una doctora una vez que me analizo 4 meses es que usted no es adicto lo que pasa es que si no fuera por la mariguana usted se hubiera podido haver muerto de locura haber hecho una locura ya que antes no tenia la medicina inyectadaque tengo hoy entonces si la probe y también pienso que depende de la persona yo como nunca tuve el estomago bueno pues exelente entonces nunca pude oler mucho eso sabe raro como a puro quimico y te deja dormido la cara y los dientes y la lengua y vos despierto con los dedos tocando piano eso después el cuerpo te pide mas y si no hay empieza la depresión una depresión horrible por eso también no me gusto eso y después de la reabilitacion mejore y ps en realidad también pienso que cualquiera puede ser adicto es solo que el cuerpo se le envicie a la sustancia pero como eso yo también siempre supe que era una trampa toda la droga droga que tengan sus usos específicos es una cosa pero como recreacional o algo muy medico aun debrian ser estudiadas muy a fondo por hay ley que si se altera la molecula del extasis el mdma de cierta forma puede curar el cáncer pero no se si es verdad son sustancias que de pronto tienen su aplicación medicinal menos las nuevas drogas sintéticas que eso si es la muerte esas si pudren el cerebro por que son hechas para dañar a las personas emcambio estas otras fueron descubiertas intentando curar de todo lo que hablo no conozco solo lo mas común nada de cocodril ni nada de esas cosas Dios me libre de esas sustancias entonces después la coca la coca la use de los 15 a los 19 pero era solo los fines de semana.

Capitulo 2 casi un drogado?

Después de que estuve

en el ultimo colegio que estudie al final del año me la pase en fiestas cuando me forme de bachiller tenia 16 y eso eran fiestas bacanas olia y tomaba y mariguanita y ps normal hasta ese momento después

empeze a echar pepas
pero heche como 10
no mas pepas rivotril y
un dia con un pana
que no se donde este
yo me compre unas
bichas de bazuco y no
las fumamos con
mariguana en realidad
no se como pero no

sentí nada no sentí nada de eso pero un dia con otro pana me pegue un plon y si quede alterado me imagino por que era en pipa y ps si nos pegamos esos maduros y después me fui para un lado hay donde venden chirri por hay y me compre otras 2 bichas y entonces me encontré a un gay peluquero hay conocido de otro parcero y el muy malparido me dijo disque me quería chupar las guevas pero yo me fui bravo con eso entonces llegue a mi casa y me puse a recargar una pipa que tenia de madera con mariguana y bazuco ensima las 2 bichas entonces bno me fume eso pero no sentí nada extrañamente otro vez y eso que la mariguana siempre la sentí mejor dicho aprendi a fumar como con 13 entonces después de eso no volví a meter bazuco nunca mas pero aun la historia no ah terminado después de

un tiempo mi familia
me dijo que me
viniera para el Brasil
bno entonces llegue ya
llegue aquí con el
intuito de dejar de
fumar cualquier tipo
de droga pero
entonces vinieron los
monos de la coca

entonces un bello dia me fui por halla donde vendían drogas donde estaba en esos momentos y fue tan drástico lo poco que me dieron de ierba que hasta hoy cuando compro dicha ierba aca me duele en los bolsillos por que en la época que vivía en Colombia era mucho mas barata se podría decir casi que 50 veces mas pero bno entonces fumaba bien poco ya después de un tiempo me fui a vivir donde otros familiares

no se si ya lo dije pero
tengo la doble
nacionalidad entonces
halla conoci a un
amigo de una familiar
y con el chino
fumamos una hierba
hay me parecio mala
la verdad pero creo
que de tanto tiempo

sin fumar quede bien high y no después en unos días conoci el hachis por un man hay que nunca volvi a ver un man bacano hay y fume de eso por primera vez me parecio bacano por que potencializaba la ierba ya que en esa época era aun peor que la que se consigue hoy en dia aca aunque hoy dia aún es malísima pero bno entonces conoci el hachis fue severo quede re aspero de high y después de unos días recai en cocaína hay con unos manes que no volvi a ver tampoco y claro después otro dia oli también y ya después me dije voy a dejar esto y lo deje por arto tiempo hasta dejarlo de por vez ya hace 7 años pero bno sigamos después de que alfin me pude mudar a una casa alquilada segui usando yerba pero ya no olia perico yerba y hachis nada mas y probe el acido LSD después un bello dia mis papas me hecharon de la casa por que yo estaba triste por que no tenia dinero y las nenas hasta hoy me discriminan hoy dia aca por eso muchas pero como dicen muchas no son tantas jeje entonces el acido me hacia reir mucho y me entretenia mas solo consumi 2 en esa época o fue solo 1 partido en dos pero ya luego me hecharon de la casa y me fui a santome das letras una ciudad de aca de Brasil halla me puse a comer hongos con unos parceros con los que fuimos comi hasta unos que no eran por que uno de esos tipos ese man yo si creo que ya esta en otra dimencion de tantos enteogenos ese man se volvió todo raro halla como estaba con una nena hay que andaba en cucos y yo le dije huy no mija tapese y si ese man si ya se volvió como muy videoso desde hay después como que me rompió un playstation 2 no se la verdad ese man si ya paila por hay me fumaria un bareto con el man pero no mucha amistad bno en fin el man se enloquecio y todos nos fuimos o el man se quedo no se pero los hongos eran extraños no se solo me daba un poco de risa pero la yerba es lo que me hace bien para la enfermedad si es que existe dicha enfermedad entonces yo volvi pero me toco quedarme en un lugar hay con una cucha hay y unos 2 tipos como gays y un man hay que manejava alreves y todo y yo en el carro el man era el único bacano hay aunque hay tam bien me pueden haver roto el play pero bno entonces yo hay tenia una baretica mala en comparación a la que fumo hoy y ps me fume los porros después el loco ese del carro era re drogo y me dio a conocer la vareta que fumo hoy en dia hidropónico y no se si nos tomamos hasta un acido pero bno yo en esa época tomaba muchos acidos y como la gente sabe los recuerdos quedan borrosos pero si algo me acuerdo es que no hacia mucho ahora seguire contando de hay la vieja me hecho por que nos fumamos unos baretos en una asotea o lo que sea entonces me mude a un lugar hay que podía fumar mi mariguanita tranquilo y empese a trabajar lo primero que consegui fue de panfletero después conoci a un compatriota colombiano que hace grafitis también y ps el man me consiguió un empleo de call center en esa época como tenia plata alguna compre hongos amanitas y en verdad que son espectaculares

uno se siente ree
aspero son mejores
tomados solos aunque
si Dios quiere usted se
puede intoxicar y
morir menos mal a mi
no me paso y estoy
aca para contar la
historia entonces ese
hongo es como algo

no se es diferente en verdad son los mismos del famoso mario bros y ps un dia tome con acido y me vomite claro que alucine hasta no poder mas me reia mucho fue mucha alucinación de risa esa risa imparable que todos sienten al fumar yerba por primera vez fue lo mismo pero 10 veces mas la gente decía en la calle vean al drogado y todo y yo me reia mas jajaja es que como esta apaereciendo en History chanel las plantas escojen a los xamanes y eso y ps me imagino que a mi me paso eso por mi decendencia indígena y como siempre con esto no apoyo el uso indiscriminado de drogas hasta morirse solo dejo en cuestión los enteogenos no la quimika que esta si hace daño y entonces que paso creo que los espiritus de las plantas me empezaron a enrabonar como se dice en puro colombiano jeje lo que luego consideraron enfermedad pero bno hay le escupi a unos gay en la cara a 1 y al otro en el pupitre mero gargajo por que eran todos gay y no me dejaban aprender en el estudio por eso les coji fastididio a la gente gay por que esa gente muchas veces es muy inconveniente luego de eso me ¨invitaron a salirme´´ y me fui para Colombia halla conoci el opio del cual fume solo mes y medio pero me di cuenta que hace arto daño solo con ese poco tiempo y halla me fui a fiestas con mis amigos cocaína un poco tripis hasta mdma probe un dia fue la única vez que use eso y también un extasis pero eso no se sentía mucho me parecio muy charra esa sensación de esas drogas preferí los tripis y por hay tome hasta la internación en 2009 eso ya fue en 2007, 2008 de 2007 a 2008 me puse a usar de todo menos heroína y sus derivados y drogas nuevas y menos metanfetaminas ni cristal de metanfetamina pero bno aca les voy a nombrar algunas de las sustancias que use de pronto me falle la memoria de una que otra algo que me falto también fue el cacto de mezcal puro tome otros cactus con mezcal que no me intereza nombrar aquí bno después el hongo de supermario el famoso amanita muscaria del cual tenia y espero poner una foto del graffity que hice no se si ya lo dije pero soy graffitero hago algunas cosas pero bno describiré también las sensaciones con el amanita me sentí como que no se es algo raro pero no tuve alucinaciones una vez mescle con lsd pero bno eso me rei mucho hasta que vomite al bajarme de un bus a visitar a un marico que ni apareció jejeje este libro es para mayores de 18 años si lo saben pal que conosca eigthteen and over de reggae se lo recomiendo y recuerdo que llevo 7 años limpio estamos a 2015 en el dia de hoy bno amanitas esas fueran básicamente las sensaciones después salvia divinorum eso es extraño y causa alucinaciones y la use cuando era legal en Brasil hongos psilocibensis también use esos no me causaron alucinación solo risa y me quede un tiempo sin usar yerba ps tenia muy poca por que la primera vez fue en un viaje y después consegui unos desidratados que me hicieron como daño y desde hay no volvi a usar eso ya esta mdma extasis y lsd viajaba arto con acido pero tomaba poco como eso pueden ser micro dosis pero bno entonces también use algunas veces pegante una vez conmpre uno sin tolol y fue re paila jajaja que tristeza pero eso no lo volvi a hacer me dio asco esas cosas desde que un parcero se lleno de drogas y quedo medio jodido pero bno dickloruro de metileno y una cosa que se llama lanza perfume algunas veces ribotril Valium chirri y crack en Brasil poco es lo mismo que la coca lo deja a auno acelerado el resto

todos son
alucinógenos menos
las pastas que son para
dormir y hachis que
eso hasta hoy fumo
por que me hace bien
al estomago y para
dormir SOLO
HACHIS Y
MARIGUANA QUE

ES CASI LO MISMO

ya que el hachis son los tricomas y cristales de hachis adjuntados o agrupados como le quieran decir la mariguana es una medicina con lo tal y bno que mas creo que fue solo eso y a bno quiero aprovechar para contar mis experiencias con algunos suplementos dietéticos primero proteína ayuda pero no mucho y tiene sus riesgos y Jack 3d lo puede volver a uno loco provoca aveces alucinaciones y el arnold dream ese ayuda también pero no eso esos suplementos no son buenos ni las drogas solo la mariguana o el hachis que son tachados de malos pero no son quiero decir que estas informaciones no son hechas con bases de un medico asi que busca un medico si piensas ingerir cualquiera de estas sustancias bno llegamos a 2009 fui encerrado en un manicomio como se les solia llamar y hay dure 5 meses fue duro havia gente muy mal de la salud mental y muy enviciados havia hasta un ruso heroinómano y no eso fue horrible uno se enfemraba por que la carne era medio picha y se me robaron halla si no estoy mal todos mis cds que eran como 500 o mas un cinturón levis blanco como café una chaketa ayara y un monton de ropas hasta medias eso fue duro y ps no yo lo único que me acuerdo es que los almuerzos eran horribles y a uno lo sentaban en sillas y ya a escuchar videos de reabilitacion como era un manicomio como con gente chirri y si fueron los 5 meses mas largos demi vida una nena en esa época era mi novia y me termino por que se entero como vivía yo en Brasil en un cuarto 2 X3 y si después de salir de halla deje todas las drogas en 2009 hasta la mariguana por 8 meses después no me aguante y fume y bno entonces después me dijeron que era loco en ese psiquiátrico y de hay para aca no solo recibo unos centimos del gobierno y fumo hierba despues me toco salirme de artos institutos de esos por que maltrataban a los supuestos locos como yo y les quitan el dinero y las cosas bno y si en fin hoy en dia tengo una vida normal aunque ps ya hoy en dia se que soy un poco enfermo de eso no se saben si son espiritus

o que pueda ser pero
es lo que pasa ya no
puedo hacer nada bien
por los medicamentos
y por la enfermedad
ya este libro espero
que venda arto para
poder comprarme
almenos una casa y un
carro espero hacer

hasta el documental de mi vida que esta escrita en este libro y Dios los bendiga a quienes compraron este libro y a los adictos que esperan curas milagorsas sigan los dose pasos y verán que se curan y pueden de pronto hasta tomar una cerveza aveces como yo pero bno no es aconsejable mas bien sigan nada mas los 12 pasos y el programa de narcóticos anónimos o N.A eso los alivianara y los hara ver el mundo de otra forma y el que este muy jodido si internese eso almenos les quitan el vicio aunque yo en mi estagio con lo que se me podría curar yo solo si recayera como mucha gente que sabe del programa y que ya no le sirven las internaciones me despido hasta luego. No quise terminar el libro aquí puesto que hay muchas teorías sobre la esquizofrenia yo como dicen que la sufro se la atribuyo a espiritus o al gobierno que alquila hasta casas al lado de uno para investigarlo y atormentarlo a uno y asi decir que uno es enfermo por que se encuentra irritado uno y asi reafirman la enfermedad y puede que hasta clonen a los supuestos o enfermos de esquizofrenia esas clínicas son rarísimas puede que sean solo experimentos del gobierno ya que siempre te piden la dirección de tu casa y posiblemente si no alquilan casas le pagan a gente para que grite por ahí y si la enfermedad existe no la pueden convertir en un negocio hoy mismo me querían dar una inyección que me podría matar si me la hubiera tomado hoy y a ellos poco les importa con tal de vender mas y mas fármacos asi que respeto para todo enfermo de lo que sea y si asi es la vida lastimosamente eso puede ser que las personas que sufren de esa enfermedad hablen con espiritus y como la gente se siente india creyendo hasta en Dios pues estamos jodidos y los remedios ayudan pero uno no puede forzar a que la persona quede normal con esos remedios traen muchos efectos colaterales y la persona queda mal ya no puede tener una vida muy normal ni tanto por la enfermedad o pues las dos cosas las drogas psiquiátricas y la enfermedad acaban con la persona y la parte mas difícil es que todos se alejan de voz te ven como el raro o lo que sea mas que todo las chicas les da miedo por que como uno es muy inteligente y por eso queda la duda si todo eso no es mas un experimento del gobierno para las personas que son inteligentes y no son bobas como un castigo o algo asi y si las mujeres parecen estúpidas si la mujer es sana y no tiene familiares cercanos con la enfermedad que desciendan de su propia familia es solo 10% de probabilidad de que el bebe salga con la enfermedad o supuesta enfermedad o que el gobierno escoja mas bien jejeje pero bno con esto concluyo el libro.